新幹線しゅっぱつ！

鎌田 歩 作

福音館書店

つばさくんとなすのちゃんは、おとうさん、おかあさんといっしょに、東京駅にやってきました。新幹線にのって、秋田にいるおじいちゃん、おばあちゃんの家に、あそびにいくのです。つばさくんは新幹線にのるのが、はじめてです。

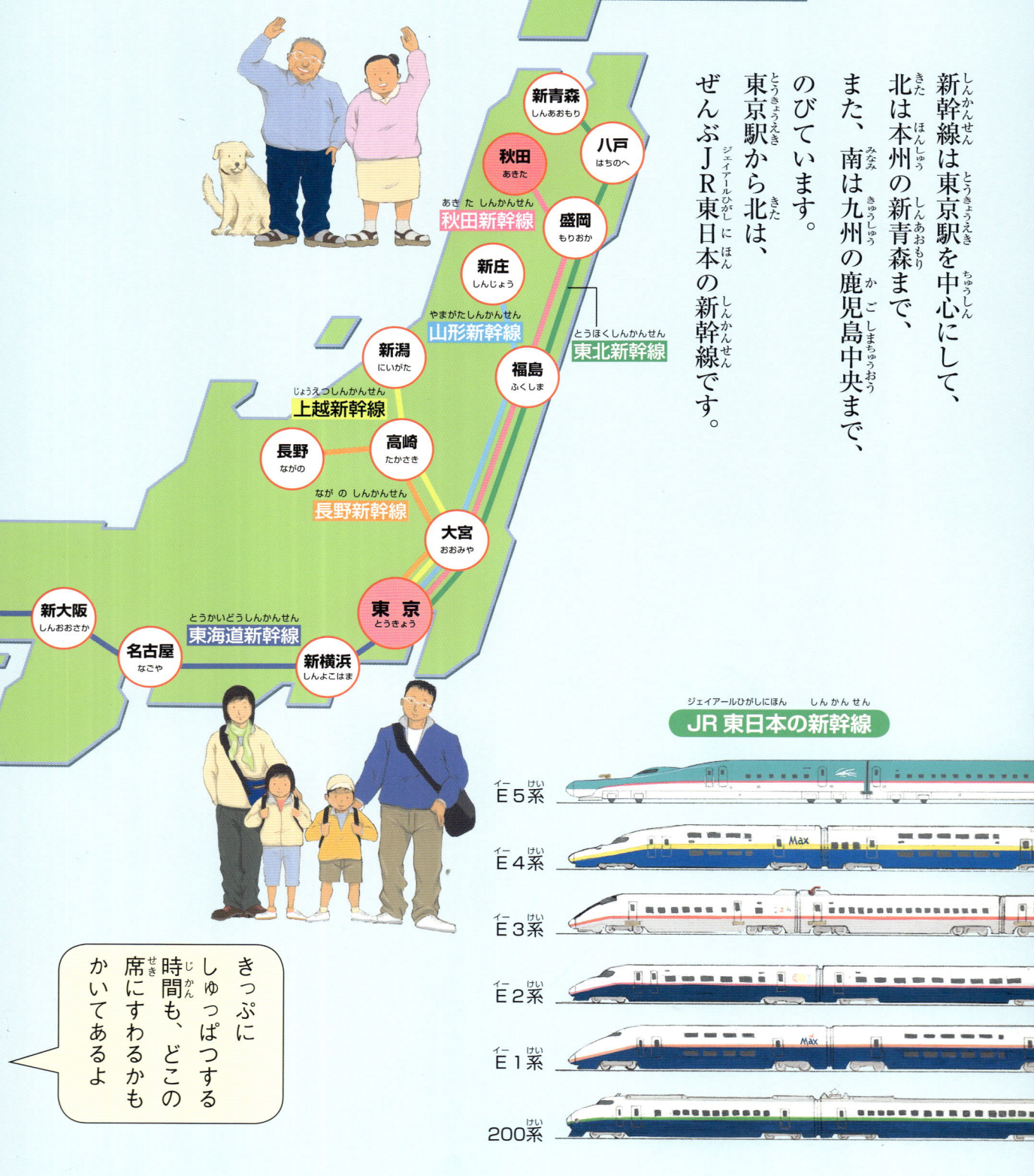

JR東海、JR西日本の新幹線

N700系

700系

500系

300系

100系

700系
（レールスター）

JR九州の新幹線

800系

N700系
（山陽・九州新幹線）

東京駅より西は、新大阪駅までが、JR東海の「東海道新幹線」、その先はJR西日本の「山陽新幹線」がのびています。九州にはJR九州の「九州新幹線」がはしっています。

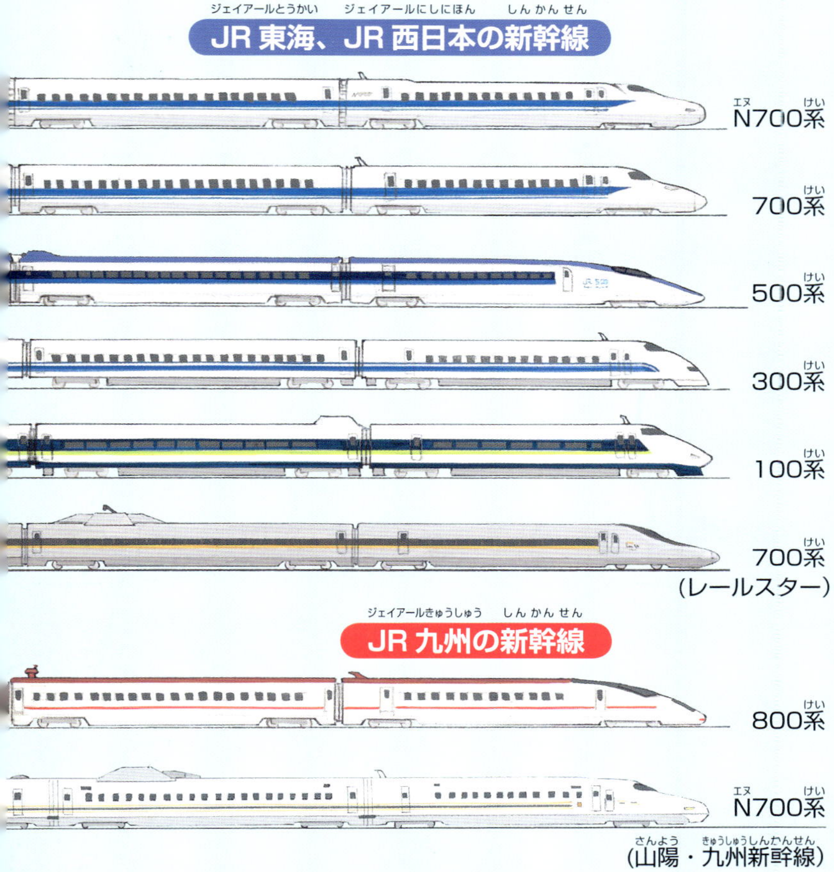

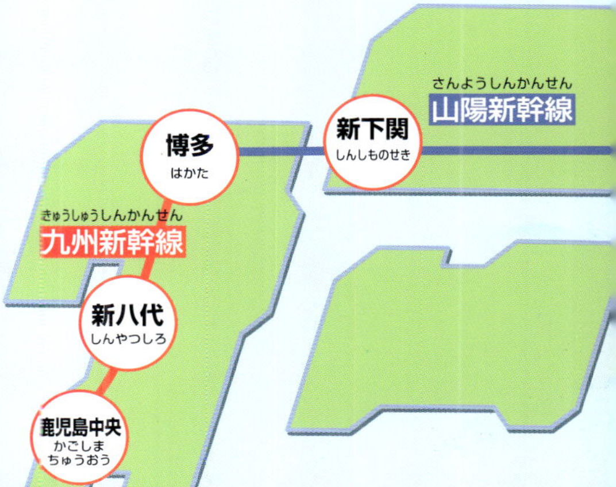

山陽新幹線

新下関
博多

九州新幹線

新八代

鹿児島中央

「ぼくたちがのる新幹線ははやて・こまち17号だって！」

「東京からのって秋田でおりるんだね」

「あった、あった。
8時28分発『はやて・こまち17号』
出発まであと12分だ」
おかあさんはさっそく、
お弁当をかいにいきました。

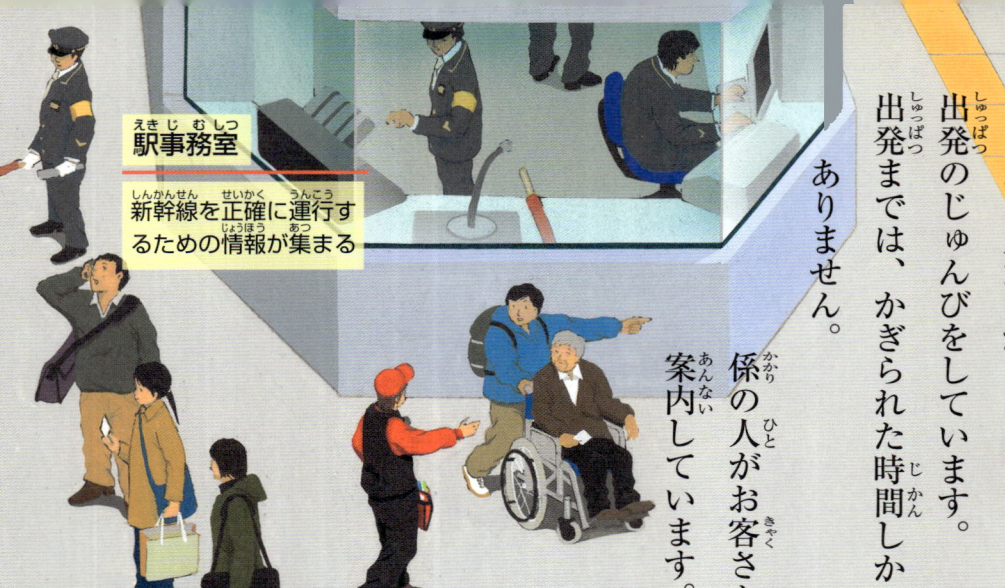

駅事務室 新幹線を正確に運行するための情報が集まる

ホームではいろんな人たちが出発のじゅんびをしています。出発までは、かぎられた時間しかありません。係の人がお客さんを案内しています。

車内清掃がはじまりました。そうじをする時間は7分間です。

てきぱきと、よごれをおとしていきます。

そのころ、車内販売のお弁当や飲み物も、つみこまれていきます。

ここはホームの下です。クリーンスタッフの控え室や道具置き場があります。

せんとう車で
つばさくんが
運転士さんを
みつけました。
「あ、運転士
さんだ」

いちばんうしろの車両では
東京駅まで運転してきた
運転士さんが、
赤いテールランプが
ついていることを確認して、
車掌さんと交代しています。
「ここからはよろしく」

運転士さんがドアの鍵をあけて、運転台にのりこみます。

これが新幹線「E3系こまち」の運転台です。

前・後部標識灯用表示灯
ヘッドライト、テールランプの点灯を確認する

戸じめ表示灯
ドアがぜんぶしまると、点灯する

時計
運転するときに、ここに置く

運行情報画面
列車全体の状態を確認する

車両情報画面
各車両の状態を確認する

逆転器
電車のすすむ方向を前か後ろかきめる

マスコンハンドル
スピードを10段階で調整する

保護接地スイッチ
緊急のとき、このボタンをおせば、まわりの新幹線がすべて停止する。

圧力計
ブレーキの圧縮空気の圧力を表示する

電圧計
車両の電圧を表示する

速度指示計
ここに指示されたスピードをみて運転する

マスコンキー
ささないと運転できない

ブレーキハンドル
ブレーキを8段階でかける

行路表
その日一日に運転する列車の時刻が、かいてある

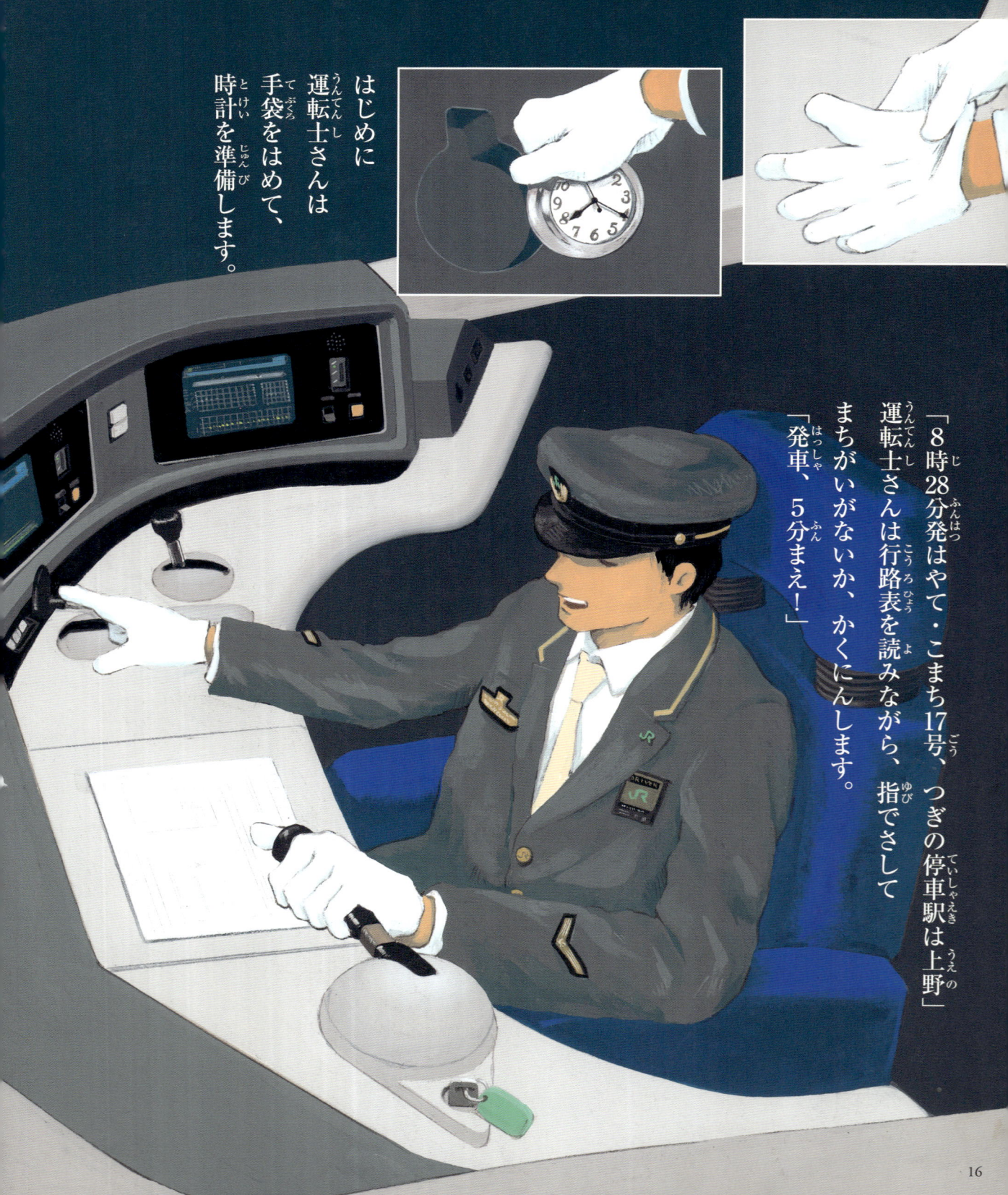

そうじが終わりました。
つばさくんたちは
きれいになった車内に
のりこみました。
「おとうさん、ここだよ!」
なすのちゃんが、
席をみつけました。
「よし、席をむかいあわせに
しようか」
発車まで、あと3分です。

ペダルをふむと、シートは、くるりとまわります。
「ほら、カンタンだよ」

リクライニングボタン
これをおしている間、シートのかたむきをうごかせる

おりたたみ式テーブル

カップホルダー
のみものをおくところ

回転レバー
これをふむとシートのむきを、うごかせる

「さあ、おべんとうだよ」
「でんしゃのなかでごはんなんてはじめてだ」

「発車1分まえ」

安全確認をした駅員さんは、マイクについているボタンで、発車ベルをならし、乗降終了合図器を点灯させます。
プルルルルル

「8時28分発はやて・こまち17号、まもなく発車いたします。ご乗車になっておまちください」

乗降終了合図器が点灯しているのを確認した車掌さんは、とびらをしめました。

駅員

運転士

出発開通表示灯
移動禁止表示器
乗降終了合図器

駅員

車掌

戸じめスイッチ

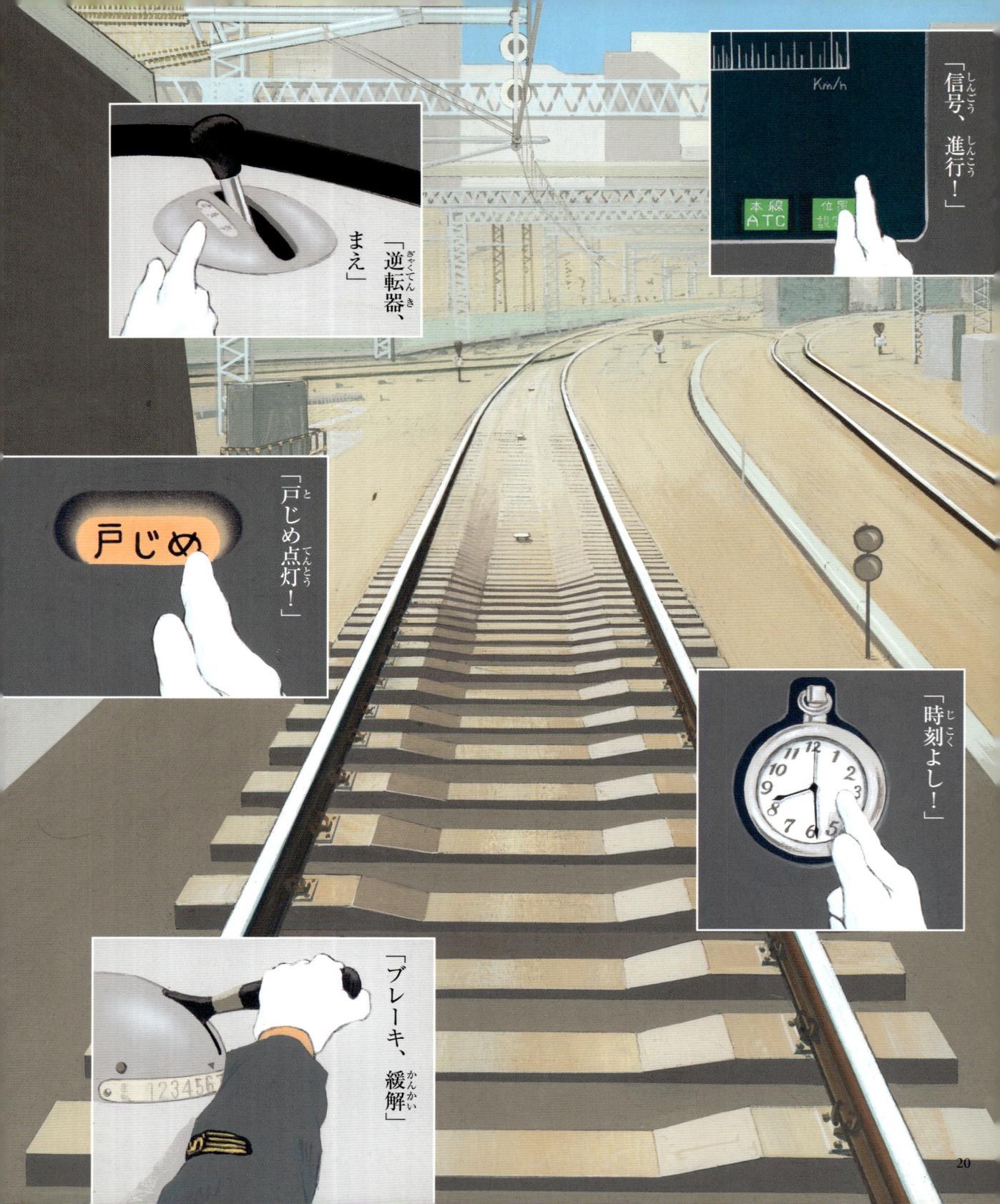

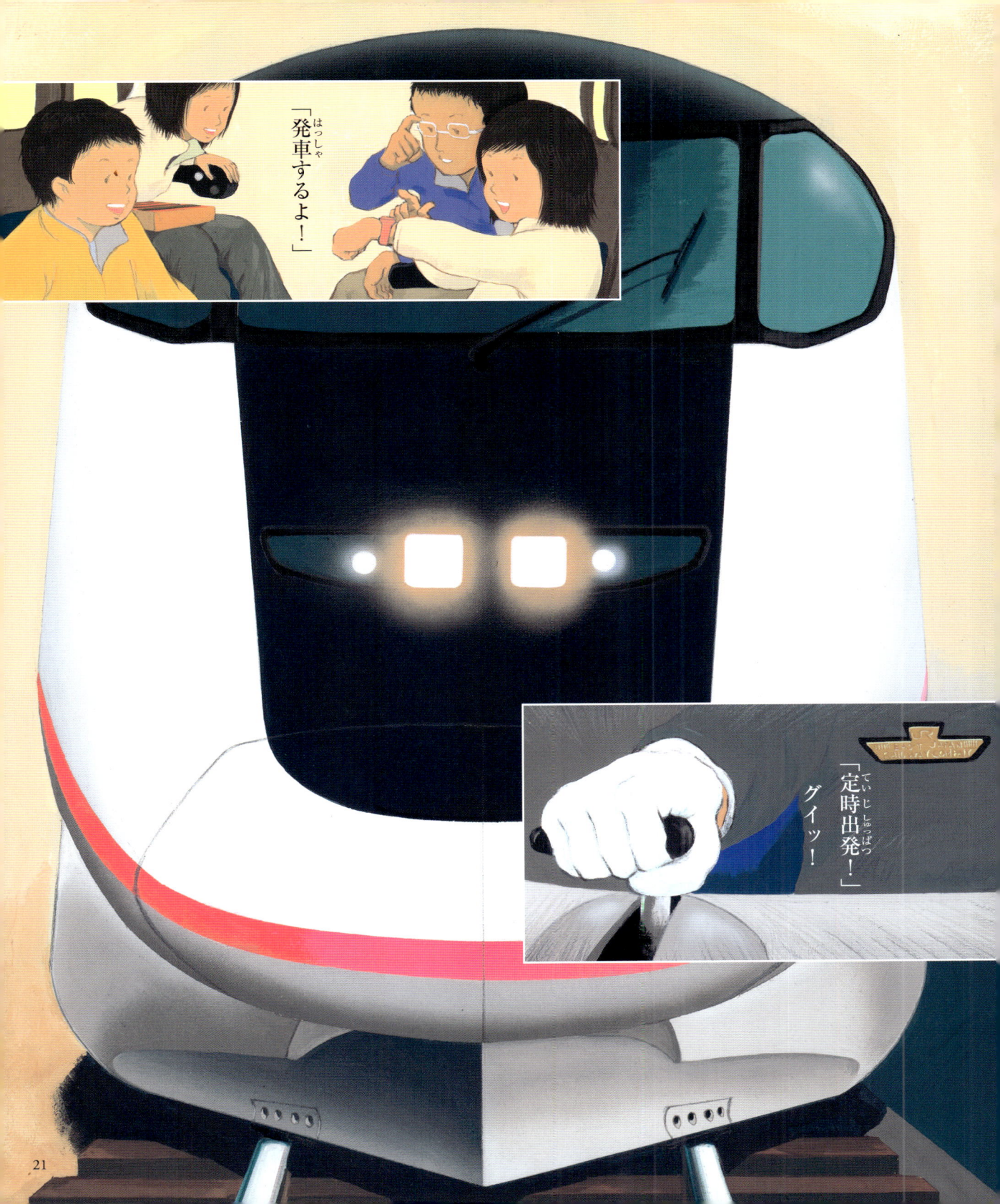

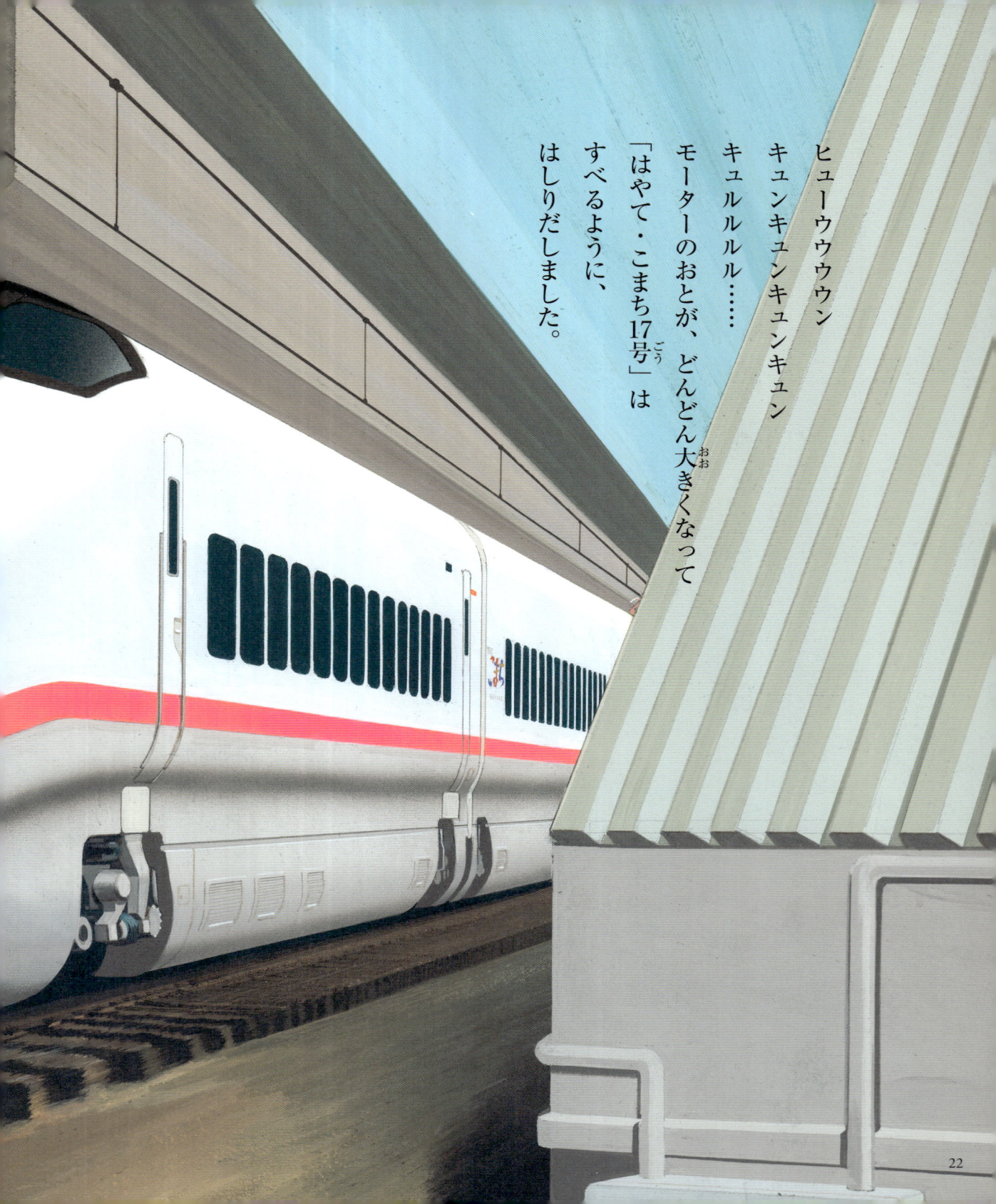

ヒュウウウン
キュンキュンキュンキュン
キュルルル……
モーターのおとが、どんどん大きくなって
「はやて・こまち17号」は
すべるように、
はしりだしました。

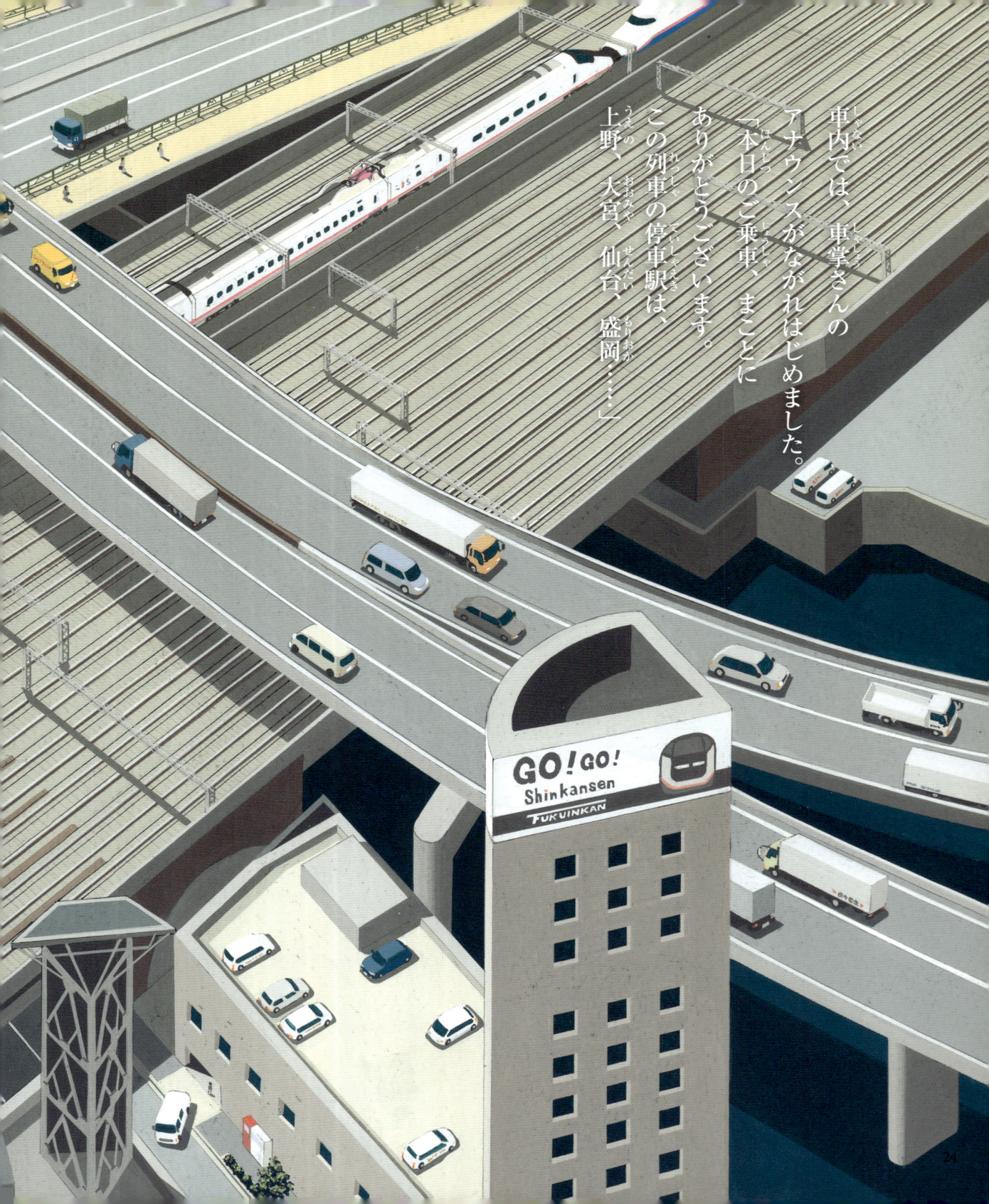

車内では、車掌さんのアナウンスがながれはじめました。
「本日のご乗車、まことにありがとうございます。この列車の停車駅は、上野、大宮、仙台、盛岡……」

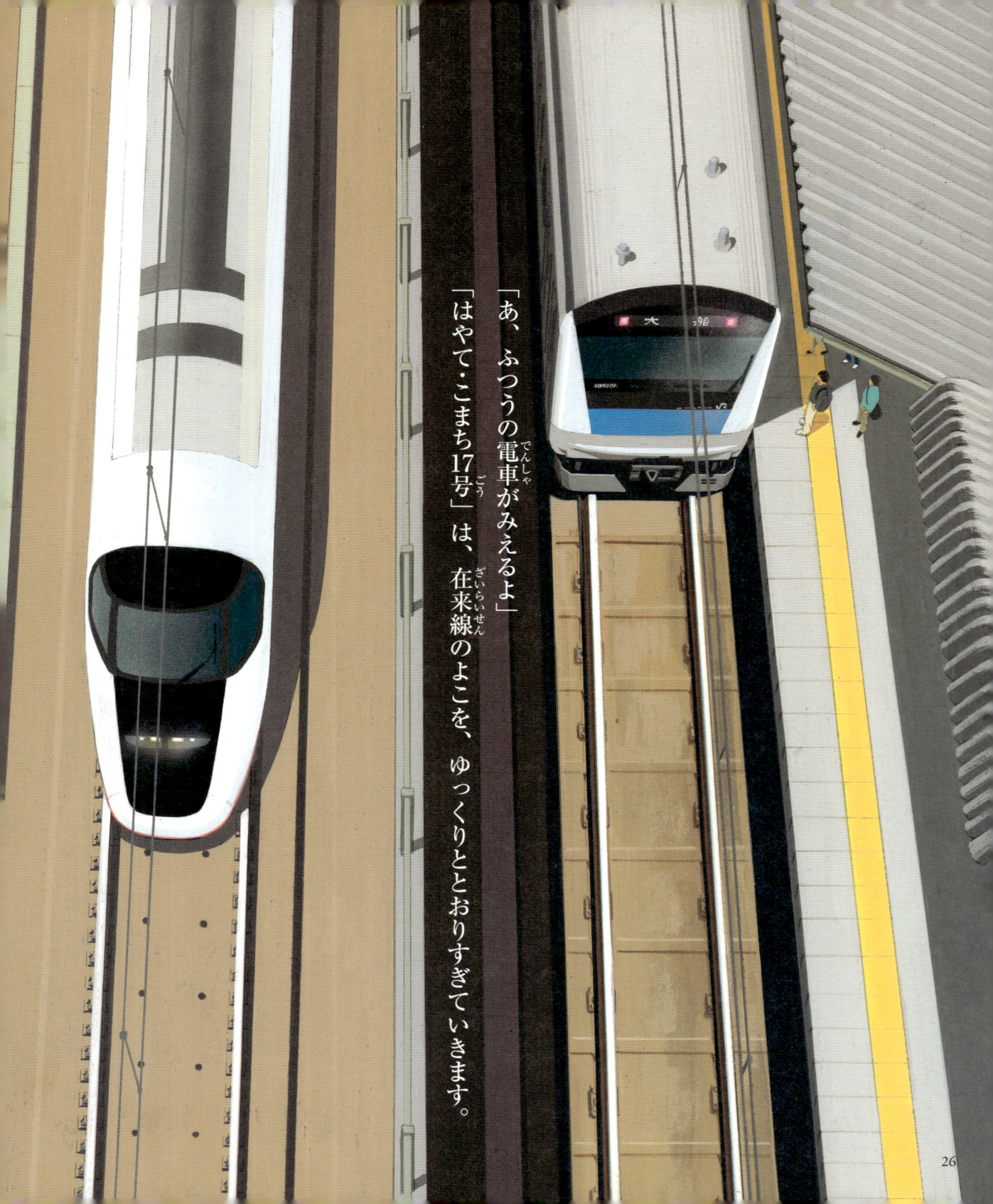

「あ、ふつうの電車がみえるよ」

「はやて・こまち17号」は、在来線のよこを、ゆっくりととおりすぎていきます。

上野駅の手まえでトンネルにはいります。まっくらなトンネルのおくに、ひかりがふたつ、みえてきました。

シュゴオオー
E4系（イーよんけい）「マックスたにがわ」です。
たくさんの乗客（じょうきゃく）をのせて
東京駅（とうきょうえき）をめざしています。
E4系（イーよんけい）「マックスたにがわ」は、
あっというまに、
すれちがっていきました。

車内販売がやってきました。
「わあ、お店がきたよ」

車掌さんが座席の確認をはじめました。

つばさくんたちをのせた
はやて・こまち17号（ごう）は
ぐんぐんスピードを
あげていきました。

終点の秋田まで、つばさくんたちの新幹線のたびはつづきます。

取材協力：東日本旅客鉄道（株）、鉄道整備（株）
監修協力：宮田寛之（「鉄道ファン」編集部）

鎌田 歩
（かまた　あゆみ）

1969年東京生まれ。長野県松本市で少年時代をすごす。おもな作品は「おおきなポケット」の「なんでもあらう」（2007年9月号）、「空港のじどうしゃ」（2009年4月号）、「路線バスにのろう！」（2010年11月号）、「かがくのとも」の『どうろせいそうしゃ』（2009年10月号）以上福音館書店刊。挿絵、装丁に『歩く』（講談社刊）、『ダーティドラゴン』（小学館刊）、『ＳＦマガジン』（ハヤカワ書房刊）などがある。「おおきなポケット」掲載の「新幹線しゅっぱつ！」「空港のじどうしゃ」は台湾で翻訳出版された。

ALL ABOARD! SHINKANSEN SUPER EXPRESS
Text & Illustrations © Ayumi Kamata 2011
Originally Published by Fukuinkan Shoten Publishers,Inc.,Tokyo,2008
This edition published by Fukuinkan Shoten Publishers,Inc.,Tokyo,2011, Printed in Japan

新幹線しゅっぱつ！　鎌田 歩　作
2011年3月10日「ランドセルブックス」発行　2014年1月15日第6刷発行
発行　株式会社 福音館書店　〒113-8686 東京都文京区本駒込6-6-3
電話　販売部 03 (3942) 1226　編集部 03 (3942) 9317 http://www.fukuinkan.co.jp/
印刷　図書印刷　製本　大村製本　NDC686　32p　24×20cm　ISBN978-4-8340-2624-5
本作品は、月刊「おおきなポケット」2008年6月号掲載の「新幹線しゅっぱつ！」に加筆し、新しく編集したものです。

○乱丁・落丁本は、小社出版部宛ご送付ください。送料小社負担にてお取り替えいたします。　デザイン：たかのはしまいこ
○紙のはしや本のかどで、手や指などを傷つけることがありますので、ご注意ください。